EXAMPRESS®

システム監査技術者
平成23年度
午後 過去問題集

落合 和雄 著

本書内容に関するお問い合わせについて

このたびは翔泳社の書籍をお買い上げいただき、誠にありがとうございます。弊社では、読者の皆様からのお問い合わせに適切に対応させていただくため、以下のガイドラインへのご協力をお願い致しております。下記項目をお読みいただき、手順に従ってお問い合わせください。

●ご質問される前に

弊社Webサイトの「正誤表」をご参照ください。これまでに判明した正誤や追加情報を掲載しています。

正誤表　http://www.shoeisha.co.jp/book/errata/

●ご質問方法

弊社Webサイトの「刊行物Q&A」をご利用ください。

刊行物Q&A　http://www.shoeisha.co.jp/book/qa/

インターネットをご利用でない場合は、FAXまたは郵便にて、下記"翔泳社 愛読者サービスセンター"までお問い合わせください。
電話でのご質問は、お受けしておりません。

●回答について

回答は、ご質問いただいた手段によってご返事申し上げます。ご質問の内容によっては、回答に数日ないしはそれ以上の期間を要する場合があります。

●ご質問に際してのご注意

本書の対象を越えるもの、記述個所を特定されないもの、また読者固有の環境に起因するご質問等にはお答えできませんので、予めご了承ください。

●郵便物送付先およびFAX番号

送付先住所　〒160-0006　東京都新宿区舟町5
FAX番号　　03-5362-3818
宛先　　　　（株）翔泳社 愛読者サービスセンター

※ 著者および出版社は、本書の使用による情報処理技術者試験合格を保証するものではありません。
※ 本書に記載されたURL等は予告なく変更される場合があります。
※ 本書の出版にあたっては正確な記述につとめましたが、著者や出版社のいずれも、本書の内容に対してなんらかの保証をするものではなく、内容やサンプルに基づくいかなる運用結果に関してもいっさいの責任を負いません。
※ 本書に掲載されているサンプルプログラムやスクリプト、および実行結果を記した画面イメージなどは、特定の設定に基づいた環境にて再現される一例です。
※ 本書では ™、®、© は割愛させていただいております。

平成23年度

システム監査技術者

平成23年度 午後Ⅰ 問1	……………	4
問2	……………	13
問3	……………	21
問4	……………	29
平成23年度 午後Ⅱ 問1	……………	38
問2	……………	47
問3	……………	56

午後Ⅰ問1

問 データセンタ移転に伴うサーバ移転計画のシステム監査に関する次の記述を読んで，設問1～4に答えよ。

A社は，大手のインターネット通信販売会社であり，国内3か所にデータセンタをもっている。その内訳は，A社で8年前に稼働を開始したデータセンタ（以下，DC-Aという）と4年前に稼働を開始したバックアップセンタ（以下，BCという），及び3年前に吸収合併したB社のデータセンタ（以下，DC-Bという）である。

〔データセンタの概要及び移転計画〕

DC-A及びDC-Bは東京都内にある。DC-Aは，本社と同じビルの1フロア，DC-Bは，本社とは別のビルのオフィス用1フロアを，それぞれ賃借している。一方，BCは関西にあり，コンピュータ機器設置用に設計されたビルの1フロアを賃借している。

A社ではここ数年，業績が大幅に伸びたことから，多くのサーバを増設しており，今後も増設が予想されている。今年の7月には，DC-A及びDC-Bにおける消費電力，空調能力及び床荷重が許容値を超える可能性がある。そこで，A社では，これらによる障害の発生を予防し，かつ，データセンタの運用コストを削減するために，DC-A及びDC-Bを1か所に集約・移転して運用を統合することにした。DC-A及びDC-Bは，外部の専門ベンダであるN社が所有・管理するデータセンタ（以下，DC-Nという）に移転し，ハウジングサービスを利用することにした。

B社が所有していたDC-Bは，DC-Aとは異なるドメインネットワーク（以下，ドメインという）に属している。BCにはDC-A用及びDC-B用の異なるドメインが存在しているので，データセンタ移転を機にDC-B用ドメインを廃止し，DC-A用ドメインに統合することにした。

〔データセンタ移転に伴うサーバ移転計画〕

1. サーバ移転時期

A社の情報システム部は，各サーバで稼働するアプリケーションシステムのオーナ部門（以下，オーナ部門という）の協力を得て，サーバ移転計画，及びサーバ移転作業が失敗したときにサーバ移転作業の実施前の状態に戻すための切戻し計画を策定し

ている。サーバ移転作業は，DC-N でネットワーク設備の準備が完了した直後の4月に開始し，5月末までに完了する予定である。表1はサーバ移転スケジュールの抜粋である。

表1 DC-A，DC-B から DC-N へのサーバ移転スケジュール（抜粋）

移転時期＼データセンタ	DC-A	DC-B	DC-N
4月第2週の週末	本番機13台（搬出） 開発機13台（搬出）	なし	本番機13台（搬入） 開発機13台（搬入）
5月第1週の週末	本番機16台（使用停止） 開発機16台（使用停止）	本番機11台（使用停止） 開発機11台（使用停止）	本番機27台（新規設置） 開発機27台（新規設置）

2. サーバ移転作業

サーバ移転作業は情報システム部が行う。サーバ移転作業には，実機移設と新規設置がある。実機移設とは，現在使用しているサーバを DC-A 又は DC-B から DC-N に搬入し，設置する作業である。一方，新規設置とは，DC-N に新たにサーバを設置し，バージョンアップされた OS 及びミドルウェアの導入・カスタマイズを行う作業である。新規設置では，現在使用しているサーバのアプリケーションシステムのバックアップデータを使用して，新しいサーバにアプリケーションシステムを導入する。また，バージョンアップされた OS 及びミドルウェア上で，各オーナ部門がアプリケーションシステムの互換性確認テストを実施する。

本番機の実機移設又は新規設置と同時に，それぞれ本番機と1対1に対応する開発機を実機移設又は新規設置する。開発機は，本番機と同じデータセンタ内に設置されている。

3. バックアップ機設置

4月第2週の週末に DC-A から DC-N に実機移設される13台の本番機では，業務優先度の低い社内業務システムが稼働していたので，バックアップ機が存在しない。しかし，3か月前に用途が見直され，重要なアプリケーションシステムが導入されたので，移転作業期間中に13台のバックアップ機を BC に新規設置することになった。ほかの本番機については，すべて BC にバックアップ機が存在する。5月第1週の週末に，DC-N に新規設置される27台の本番機については，27台のバックアップ機を BC に新規設置する。

また，DC-B の本番機を使用停止し，DC-N に本番機を新規設置する際には，ドメインが変わるので，BC 内の対応するバックアップ機の IP アドレスを新規設定する。

〔システム監査の実施〕
　内部監査室長は，年次監査計画に基づいて，データセンタ移転に伴うサーバ移転計画の妥当性を監査するために，システム監査人 2 名からなる監査チームを編成した。

1. 予備調査
　予備調査の結果，サーバ移転について情報システム部では表 2 のような検討を行っていることが分かった。

表2　サーバ移転に関する主な検討事項と検討結果（抜粋）

項番	検討事項	検討結果
1	新規設置サーバへの OS，ミドルウェア及びアプリケーションシステムの導入と，互換性確認テストの実施	① 情報システム部が，移転 1 週間前までに OS，ミドルウェア及びアプリケーションシステムを導入 ② 情報システム部が，メーカから提供されている "バージョンアップに伴う変更箇所一覧" を基に，移転 4 週間前までに，OS 及びミドルウェアとアプリケーションシステム間の互換性比較表を作成 ③ 各オーナ部門が，互換性比較表に基づいて，互換性確認テスト計画を策定して実施
2	サーバ移転後のアプリケーションシステム稼働確認テストの実施	① 各オーナ部門が，移転 1 週間前までに移転後の稼働確認テスト計画を策定 ② 実機移設の場合，移設直後に各オーナ部門が稼働確認テストを実施 ③ 新規設置の場合，項番 1 の作業終了後に各オーナ部門が稼働確認テストを実施
3	サーバの IP アドレス変更に伴って影響を受けるアプリケーションプログラムの調査	情報システム部が，移転 2 週間前までに調査し，IP アドレスを直接指定しているアプリケーションプログラムを識別
4	切戻し計画の策定	情報システム部及び各オーナ部門が，移転 1 週間前までにサーバ移転方法ごとに切戻し計画を策定
5	事業継続計画（BCP）の更新	① 全サーバの移転完了後，変更項目を反映させて BCP を更新 ② BCP の更新までの間は，切戻し計画で対応

2. 本調査での発見事項
　監査チームは，策定した個別監査計画に基づいて本調査を行った。その際の発見事項は，次のとおりである。
(1) 表 1 中の 4 月第 2 週の週末に DC-A から DC-N に実機移設されるサーバについて，

サーバ移転作業で障害が発生した場合，サービスを再開できないリスクがある。

(2) 表2の項番1について，DC-N に新規設置されるサーバの OS，ミドルウェア及び
アプリケーションシステムの導入完了期限を移転1週間前としているが，この場合，
互換性確認テストを十分に実施できない可能性が高い。

(3) 表2の項番3について，情報システム部が，サーバの IP アドレス変更に伴って影
響を受けるアプリケーションプログラムを調査することになっているが，調査結果
を検証する手続が定められていない。

(4) 表2の項番5について，BCP 更新までの間，事業の継続性を確保するには，サー
バ移転作業が失敗したときの切戻し計画だけでは不十分である。各週末の移転終了
後に災害などが発生した場合，業務が中断するおそれがある。

設問1 〔システム監査の実施〕2.本調査での発見事項の (1) について，システム監査
人が認識したリスクを回避するためには，どのようなサーバ移転作業の実施手順
に変更すべきか。35字以内で述べよ。

設問2 〔システム監査の実施〕2.本調査での発見事項の (2) について，システム監査
人は，どのような監査手続によって，"互換性確認テストを十分に実施できない可
能性が高い"と判断したか。入手したと考えられる監査証拠と，それに基づいて
検証した内容を，それぞれ25字以内で述べよ。

設問3 〔システム監査の実施〕2.本調査での発見事項の (3) について，システム監査
人が，情報システム部の調査結果が適切かどうかを合理的に判断するためには，
どのような監査手続が必要か。具体的な監査手続を一つ挙げ，30字以内で述べよ。
また，その監査手続が必要な理由を35字以内で述べよ。

設問4 〔システム監査の実施〕2.本調査での発見事項の (4) について，システム監査
人が切戻し計画だけでは不十分であると考えた理由，及び移転終了後のリスク低
減のために追加すべき対策を，それぞれ35字以内で述べよ。

解答例・解説

●解答例

設問1	バックアップ機の設置及び稼働確認を先に行い，本番機を搬出する。
設問2	監査証拠：各オーナ部門が策定した互換性確認テスト計画
	内容：全テスト項目が1週間で完了できる作業量かどうか。
設問3	監査手続：アプリケーションプログラム一覧と調査済の仕様書の突合せ
	理由：調査されていないアプリケーションプログラムが存在するリスクがあるから
設問4	理由：切戻し計画はサーバ移転後の災害などの発生を想定したものでないから
	対策：本番機移転の前に，システム構成の変更に合わせてBCPを更新する。

●問題文の読み方

(1) 全体構成の把握

概要		システム監査の実施	
データセンタの概要及び移転計画			設問
データセンタ移転に伴うサーバ移転計画			

　最初に概要があり，続いてデータセンタの概要及び移転計画が述べられている。その後に，データセンタ移転に伴うサーバ移転計画が詳しく述べられており，ここに解答のヒントが多く書かれている。また，続いてシステム監査の実施が述べられており，ここの表2の中にもヒントが多く書かれている。

(2) 問題点の整理

　すべての設問が［システム監査の実施］の本調査での発見事項からの出題になっているので，発見事項とそれと関連する問題文の個所を的確につかむことが，解答への第一歩になる。各発見事項と関連する問題文の対応個所を整理すると以下のようになる。

8

項番	指摘事項（現状）	問題文の対応個所
(1)	DC-AからDC-Nに実機移設されるサーバについて，サーバ移転作業で障害が発生した場合，サービスを再開できないリスクがある。	［データセンタ移転に伴うサーバ移転計画］3.バックアップ機設置
(2)	DC-Nに新規設置されるサーバのOS，ミドルウェア及びアプリケーションシステムの導入完了期限を移転1週間前としているが，この場合，互換性確認テストを十分に実施できない可能性が高い。	［システム監査の実施］表2
(3)	サーバのIPアドレス変更に伴って影響を受けるアプリケーションプログラムを調査することになっているが，調査結果を検証する手続が定められていない。	［システム監査の実施］表2
(4)	BCP更新までの間，事業の継続性を確保するには，サーバ移転作業が失敗したときの切戻し計画だけでは不十分である。	［システム監査の実施］表2

（3）設問のパターン

設問番号	設問のパターン	設問の型		
		パターンA	パターンB	パターンC
設問1	コントロールの指摘		◎	
設問2	監査証拠の指摘		◎	
設問3	監査手続の指摘		◎	
設問4	指摘事項の根拠		◎	

●設問別解説

■設問1

コントロールの指摘

【前提知識】

　全般統制に関する基本知識

【解説】

　4月第2週の週末にDC-AからDC-Nに実機移設されるサーバについて，サーバ移転作業で障害が発生した場合，サービスを再開できないリスクを回避するために，どのようにサーバ移転作業の実施手順を変更すべきかを述べる設問である。［データセンタ移転に伴うサーバ移転計画］の「3. バックアップ機設置」を見ると，「4月第2週の週末にDC-AからDC-Nに実機移設される13台の本番機では，業務優先度の低い社内業務システムが稼働していたので，バックアップ機が存在しない。しかし，3か月前に用途が見直され，重要なアプリケーションシステムが導入されたので，移転期間中に13台のバックアップ機をBCに新規設置することになった。」とい

う記述が見つかる。これから，4月第2週の週末においてサーバ移転作業で障害が発生した場合，バックアップ機がまだ存在しないことがわかる。これを防ぐためには，BCへのバックアップ機の新規設置及び確認作業を移設作業よりも前に行えばよい。

【自己採点の基準】

　バックアップ機の設置及び確認を行った後に本番機の移設を始めること，あるいは，本番機の移設作業の前にバックアップ機の設置及び確認を行うことが書かれていればよい。

■設問2
監査証拠の指摘
【前提知識】

　監査実施に関する基本知識

【解説】

　"互換性確認テストを十分に実施できない可能性が高い"と判断するために，入手したと考えられる監査証拠と，それに基づいて検証した内容を答える設問である。指摘事項の（2）及び表2に書かれているように，サーバのOS，ミドルウェア及びアプリケーションシステムの導入完了期限が移転1週間前なので，互換性確認テストの期間は1週間しかとれないことがわかる。この1週間で，互換性確認テストが完了できるかどうかを確認すればよい。表2の項番1の検討結果③には，「各オーナ部門が，互換性比較表に基づいて，互換性確認テスト計画を策定して実施」と書かれているので，監査証拠として各オーナ部門が策定した互換性確認テスト計画を挙げればよいことがわかる。検証内容としては，この互換性確認テスト計画を見て，全テスト項目が1週間で完了できる作業量かどうかを確認すればよいことがわかる。

【自己採点の基準】

　監査証拠は，解答例のとおりの解答が望まれる。内容は，全テスト項目が1週間で完了できるかどうかという観点が述べられていればよい。

10

■設問3
監査手続の指摘
【前提知識】

監査手続に関する基本知識

【解説】

システム監査人が，情報システム部の調査結果が適切かどうかを合理的に判断するための監査手続とそれが必要な理由を述べる設問である。［システム監査の実施］の表2の項番3の検討結果には，「情報システム部が，移転2週間前までに調査し，IPアドレスを直接指定しているアプリケーションプログラムを識別」と書かれており，この検証手段に関する記述がないことがわかる。この検証では，すべてのプログラムが調査されたかを確認する必要があるので，理由としては，調査されていないアプリケーションプログラムが存在するリスクがあることを指摘すればよい。監査手続としては，対象となるアプリケーションプログラムの一覧と調査済みの仕様書を突き合わせることが考えられる。対象となるアプリケーションプログラムの一覧を記載した文書名は問題文には記載されていないので，一般的なアプリケーションプログラム一覧のような記述でよいであろう。

【自己採点の基準】

監査手続は，全てのアプリケーションプログラムが調査されたことを確認する内容であればよい。理由は，調査されていないアプリケーションプログラムが存在するリスクがあることを述べてあればよい。

■設問4
指摘事項の根拠
【前提知識】

全般統制に関する基本知識

【解説】

システム監査人が切戻し計画だけでは不十分であると考えた理由，及び移転終了後のリスク低減のために追加すべき対策を述べる設問である。［システム監査の実施］の表2を見ると，切戻し計画の策定はBCPの更新よりも前に行われていることがわかる。したがって，切戻し計画はサーバ移転後の災害などの発生を想定したものでないことがわかり，サーバ移転後の災害時などには対応できないことがわかる。これに対応するためには，本番機移転の前に，システム構成の変更に合わせてBCP

を事前に更新しておくことが考えられる。

【自己採点の基準】

　理由は，切戻し計画がサーバ移転後の災害などに対応できないことを述べてあればよい。対策は，BCPの更新を本番機移転より前に行っておくことが指摘できていればよい。

午後Ⅰ 問2

問 システム開発プロジェクトの監査に関する次の記述を読んで、設問1～3に答えよ。

　C社は、傘下に多数の子会社を抱える企業であり、子会社全体の財務管理を支援する情報システム（以下、財務管理支援システムという）を開発した。当初の計画では、1年5か月で開発して稼働を開始する予定であったが、詳細設計工程及びコーディング・単体テスト工程での大幅な作業遅延・工数増加によって、6か月のスケジュール遅延とコスト増加が生じた。

　開発した財務管理支援システムは順調に稼働を開始したものの、スケジュール遅延とコスト増加の問題を重視した社長は、再発防止のために財務管理支援システムの開発プロジェクトの監査を監査部に指示した。監査部では監査チームを編成し、進捗管理に重点を置いて監査を実施することにした。

〔開発プロジェクトの概要〕
　監査チームは、開発プロジェクトの概要についてヒアリングを行った。その結果は次のとおりである。
(1) 財務部が、財務管理支援システムの開発をシステム開発部に依頼したところ、システム開発部から、"ほかの優先開発案件で手一杯なので、開発を少し待ってほしい"と言われた。財務部は早期の開発を望んでいたので、システム開発部と協議した結果、開発実績のあるJ社に開発を委託することにした。
(2) 開発体制は、図1のとおりであった。C社からは、専任メンバとして財務部のX氏、Y氏及びZ氏、兼任メンバとして業務に精通した財務部員が開発プロジェクトに参加し、J社と連携をとるようにした。

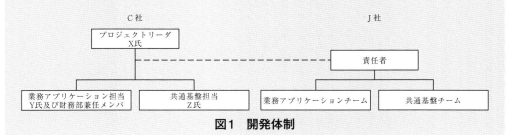

図1　開発体制

(3) プロジェクト期間中,毎週金曜日の夕方に進捗会議を開き,図2の進捗管理表を用いて進捗状況の確認を行った。進捗会議には,C社財務部の専任メンバ3名と,J社の責任者,業務アプリケーションチーム及び共通基盤チームの各チームリーダが出席していた。

進捗管理表			
			xx年xx月xx日　J社
	今週の作業実績	来週の作業予定	備考
業務アプリケーションチーム	・プログラム仕様設計　　　　　　　　12本 ・プログラム作成　　　　　　　　5本 ︙	・プログラム仕様設計　　　　　　　　8本 ・プログラム作成　　　　　　　　10本 ︙	基本設計書の内容の再確認に時間が掛かり,作業が遅延 ︙
共通基盤チーム	︙	︙	︙

図2　進捗管理表(抜粋)

(4) 要件定義から詳細設計までの各工程では,財務部の兼任メンバ3名が成果物をレビューし,そのレビュー結果を踏まえて,X氏が各工程の終了判定を行った。コーディング・単体テスト工程の終了判定は,J社のテスト実施者の完了報告をもって,X氏が行った。

(5) システム開発の計画及び実績は,図3のとおりであった。

図3　システム開発の計画及び実績

〔監査手続〕

監査チームは、表1に示す監査ポイントを基に、監査手続を実施した。

表1　監査チームが考えた監査ポイント及び実施した監査手続（抜粋）

項番	監査ポイント	監査手続
①	プロジェクトリーダは、スケジュール遅延を把握し、適切に対応していたか。	進捗管理表をサンプリングによって抽出して確かめる。
②	プロジェクトリーダは、プロジェクトの進捗状況を、適時に部長及び社長に報告していたか。特に、計画に対して大幅な遅延が生じる場合は、速やかに報告していたか。	部長あて報告資料及び社長あて報告資料を全件閲覧して確かめる。
③	各工程の終了判定基準があらかじめ設定されていたか。また、基準に則して終了判定が行われていたか。	終了判定基準及び終了判定資料を閲覧して確かめる。

〔監査結果〕

(1) 表1の項番①の監査手続を実施した結果、図2のような進捗管理表が作成されており、作業項目ごとに今週の作業実績、来週の作業予定などの記載があることが分かった。そこで、監査チームは、進捗会議が適切に行われていたと判断した。

(2) 表1の項番②の監査手続を実施した結果、部長あて報告資料及び社長あて報告資料は、各工程終了時にすべて提出されており、プロジェクトの進捗状況について報告されていたことが分かった。そこで、監査チームは、部長及び社長への報告は問題がないと判断した。

(3) 表1の項番③の監査手続を実施した結果、各工程の終了判定基準は、当該工程の終了判定の約1か月前に作成されていたことが分かった。そこで、監査チームは、当該工程の状況を考慮して終了判定基準を作成していたと判断した。また、終了判定資料をレビューした結果、J社業務アプリケーションチームの担当者の完了報告だけに基づいて、Y氏とZ氏が作成していたことが分かった。

設問1 〔監査結果〕(1) について，監査部長は，"実施した監査手続では，スケジュール遅延の把握とスケジュール遅延への対応が適切に行われていたと判断するのは難しい"と指摘した。表1の項番①において，サンプリングによる監査手続では分からないことと，それを補完するために適用すべき監査手続を，それぞれ40字以内で述べよ。

設問2 表1の項番②の監査ポイントは，プロジェクトリーダからの報告の適切性を確かめる上では不十分である。追加すべき監査ポイントとそれを確認するための監査手続を，それぞれ40字以内で述べよ。

設問3 〔監査結果〕(3) について，終了判定が形式的になってしまうリスクがある。監査チームが改善勧告すべき内容を，40字以内で述べよ。

解答例・解説

●解答例

設問1　分からないこと：スケジュール遅延が進捗会議で網羅的に報告され，対応が有効であったか。

　　　　監査手続：プロジェクトの一定期間を通して進捗管理表をすべてレビューする。

設問2　監査ポイント：報告資料に遅延の事実及びその対応策が適切に記載されていたか。

　　　　監査手続：進捗管理表と報告資料を突き合わせ，進捗遅れや重要な課題の報告内容を確かめる。

設問3　プロジェクト開始時に終了判定基準を定め，成果物によって終了判定を行う。

●問題文の読み方

(1) 全体構成の把握

概要		監査手続	設問
⋯⋯⋯⋯⋯⋯⋯		⋯⋯⋯⋯⋯⋯⋯	
開発プロジェクトの概要		監査結果	

　概要の後に開発プロジェクトの概要が述べられており，ここに解答のヒントが多く書かれている。その後に，監査手続が述べられており，ここの表1の中にもヒントが書かれている。最後に設問の元になっている監査結果が述べられている。

(2) 問題点の整理

　すべての設問が［監査手続］の監査ポイントと関連した出題になっている。この監査ポイントに関しての実態は，［監査結果］に書かれているので，監査ポイントとそれと関連する実態を的確につかむことが，解答への第一歩になる。各監査ポイントと関連する実態を整理すると以下のようになる。

17

項番	監査ポイント	実態
①	プロジェクトリーダは、スケジュール遅延を把握し、適切に対応していたか。	進捗管理表が作成されており、作業項目ごとに今週の作業実績、来週の作業予定などの記載がある。
②	プロジェクトリーダは、プロジェクトの進捗状況を、適時に部長及び社長に報告していたか。特に、計画に対して大幅な遅延が生じる場合は、速やかに報告していたか。	部長あて報告資料及び社長あて報告資料は、各工程終了時にすべて提出されており、プロジェクトの進捗状況について報告されていたことが分かった。
③	各工程の終了判断基準があらかじめ設定されていたか。また、基準に則して終了判定が行われていたか。	各工程の終了判定基準は、当該工程の終了判定の約1か月前に作成されていたことが分かった。また、終了判定資料をレビューした結果、J社業務アプリケーションチームの担当者の完了報告だけに基づいて、Y氏とZ氏が作成していたことが分かった。

(3) 設問のパターン

設問番号	設問のパターン	設問の型		
		パターンA	パターンB	パターンC
設問1	監査手続の不備の指摘		◎	
設問2	監査ポイントの指摘		◎	
設問3	改善勧告の指摘		◎	

●設問別解説

■設問1

監査手続の不備の指摘

【前提知識】

　監査手続に関する基本知識

【解説】

　サンプリングによる監査手続では分からないことと、それを補完するために適用すべき監査手続を述べる設問である。どのような観点から解答するか迷う設問であるが、監査部長の"実施した監査手続では、スケジュール遅延の把握とスケジュール遅延への対応が適切に行われていたと判断するのは難しい"という指摘がヒントになる。スケジュール遅延の把握とスケジュール遅延への対応が適切に行われていたかどうかということを判断するためには、「適切に」という言葉がどのようなことを指すのか考えるとよい。この内容としては、以下のようなことが考えられる。

- 進捗の把握が正確に行われている。
- 進捗の遅れの報告が正確かつ漏れなく行われている。

18

● 進捗の遅れに対し，有効な対策を打っていたか。

　この中で，サンプリングによる確認ではわからない点を抽出すると，進捗の遅れの報告が漏れなく行われている点であることがわかる。

　これを補完するための監査手続は，サンプリングによる確認ではなく，プロジェクトの一定期間を通して進捗管理表をすべてレビューすることが考えられる。

【自己採点の基準】

　分からないことに関しては，スケジュール遅延が網羅的に報告されている点が指摘してあればよい。監査手続については，サンプリングではなく，進捗管理表をすべてレビューすることが挙げられていればよい。

■設問2

監査ポイントの指摘

【前提知識】

　監査ポイントに関する基本知識

【解説】

　追加すべき監査ポイントとそれを確認するための監査手続を答える設問である。表1の項番②の監査ポイントを見て，不十分な点を指摘すればよい。まず，問題と思われるのが，報告の内容に関しての記述がない点である。遅延が発生したら，その事実が明確に報告されているかをチェックする必要がある。次に，このような報告では，一般的に遅れが発生した場合の対応策についても，記載がなくてはいけない。したがって，監査ポイントとしては，遅れの報告がされていることと，対応策の記載があることを追加すればよい。

　この監査ポイントを確認するための監査手続としては，遅れが発生した場合に，遅れや対応策の記載があることを確認する必要がある。具体的には，進捗管理表と報告資料を突き合わせて，進捗遅れの報告がされていることと，適切な対応策や重要課題の報告がされていることを確認することになる。

【自己採点の基準】

　監査ポイントしては，遅延の事実と対応策の両方が記載されている必要がある。監査手続としては，進捗管理表と報告資料を突き合わせることと，進捗遅れや重要課題または対応策の報告内容を確かめる点が書かれていればよい。

■設問3
改善勧告の指摘
【前提知識】

　全般統制に関する基本知識

【解説】

　終了判定が形式的になってしまうリスクに対する改善勧告を答える設問である。[監査結果] (3) から問題がありそうな点を探すと，まず，「各工程の終了判定基準は，当該工程の終了判定の約1か月前に作成されていたことが分かった。」という記述が見つかる。判定基準を成果物が完成してから作ると，判定基準が恣意的になる可能性が高い。したがって，終了判定基準は，一般的には，プロジェクト開始時に作成すべきである。

　次に，「また，終了判定資料をレビューした結果，J社業務アプリケーションチームの担当者の完了報告書だけに基づいて，Y氏とZ氏が作成していたことが分かった。」という記述が見つかる。これでは，J社の完了報告書を鵜呑みにしていることになり，C社独自の判断で終了判定をしていないことになる。したがって，完成した成果物をC社として確認して，その結果で終了判定を行わなければならない。

【自己採点の基準】

　プロジェクト開始時に終了判定基準を定めることと，成果物によって終了判定を行うことの両方が記載されている必要がある。

午後Ⅰ 問3

問 システムの要件定義段階における監査に関する次の記述を読んで，設問1〜4に答えよ。

T社は，機械工具などの製造販売会社であり，国内3か所の工場と子会社で製造し，本社及び約20の販売拠点で営業活動を行っている。T社では，競争力を強化するために，生産管理システムを再構築することにした。

T社のシステム部は，人員が少なく，既存システムの保守で手一杯である。そこで，生産管理システムの再構築については，本社の製造管理部がシステムオーナとなり，システム部が技術支援を行い，開発はX社に委託することにした。現在，要件定義の終了段階である要件定義書のレビューが終わり，基本設計の開始に向けた準備をしているところである。

T社の監査部では，次の基本設計に進むのに必要な条件を満たしているかどうかを確認するために，システム監査を実施した。

〔生産管理システムの概要〕

T社が扱う製品には，標準品と，顧客の要望によって標準品のサイズなどを変更する特注品がある。近年は，特注品の注文が増えてきている。特注品のリードタイムは，受注してから2か月ほどであり，このリードタイムを短縮することが生産管理システム再構築の主要目的である。

生産管理システムは，10年ほど前に標準品の生産管理を想定して構築された。特注品の製造工程の一部を，子会社が担当することもあるので，子会社との情報交換が必要である。また，特注品のリードタイムを短縮するためには，子会社での仕掛品の在庫を管理し，投入スケジュールを適切に指示できるようにする必要がある。

〔生産管理システムの委託契約の概要〕

T社は，既存システムの保守の一部をX社に委託していることから，システム部を契約の窓口として，X社と生産管理システムの開発委託契約を結んだ。契約内容は，次のとおりである。

(1) 要件定義段階は準委任契約とし，要件定義書の作成はX社が担当する。

(2) 基本設計段階以降は請負契約とし，基本設計，詳細設計，システムテスト及び本
　　番移行の工程ごとに，Ｔ社のシステム部及び関係部門が参加して，ドキュメントの
　　レビュー及び検収を行う。
(3) 開発に必要な機器，ネットワーク，そのほかの資源は，Ｔ社が提供する。

〔要件定義書の作成〕
　生産管理システムの開発プロジェクトマネージャは製造管理部長であり，Ｔ社の製
造管理部とシステム部がＸ社と共同で開発を進める体制となっている。
　Ｘ社は，Ｔ社の各工場の代表者にインタビューして，それぞれの要求事項をまとめ，
表１に示す要件定義書を作成した。

表１　要件定義書（抜粋）

項番	項目	内容
1	業務要件	＜業務要件の一覧＞ ① 子会社からのデータ連動又は子会社でのデータ入力を可能とすること ② 特注品のリードタイムを20日程度に短縮すること ③ 工場の稼働時間帯に特注品の製造指示書が出力されなくなると生産が停止し，業務に影響するので考慮すること 　　　　　　　　　　　　　　　　　（以下，省略）
2	新業務フロー	組織体制，責任と権限，規程・ルールとの関連を含むシステム稼働後の業務フロー
3	リスク分析結果	業務要件と，業務要件を実現したときのリスクの分析結果
4	実現可能性	業務要件の実現可能性の検証結果と代替案の評価
5	機能要件	＜システムの機能要件の一覧＞ ① 子会社での仕掛品の在庫をリアルタイムに把握し，納期を管理できること ② 子会社での進捗状況を入力できること 　　　　　　　　　　　　　　　　　（以下，省略） ＜データモデルの記述＞ 　　　　　　　　　　　　　　　　　（以下，省略）
6	非機能要件	＜非機能要件の一覧＞ ① 性能に関する要件 ② 拡張性に関する要件 ③ 機密性に関する要件 ④ 可用性に関する要件

〔システム監査の結果〕

　監査部は，既に要件定義書の作成段階から予備調査に着手しており，要件定義書の
レビュー終了後に本調査を実施した。予備調査及び本調査で分かったことは，次のと
おりである。

(1) 要件定義に当たり，X社は，自社の標準様式で要件定義書を作成した。T社によ
　　る要件定義書のレビューにおいて，データモデルの記載内容，記載レベルについて
　　T社とX社間で認識の相違があることが分かった。X社では，概念データモデルと
　　してE-R図を作成した。T社では，論理データモデルの記載内容の一部を含んだ独
　　自のフォーマットで作成することになっていた。X社は，T社の指摘を受けて，要
　　件定義書を追加・修正した。それでもなお，監査部は，"基本設計以降の工程でリス
　　クが顕在化するおそれがある"と考えた。

(2) X社は，各工場の代表者にインタビューして業務要件をまとめた後，製造管理部
　　の担当者に確認してもらい，機能要件をまとめた。製造管理部では，システム基盤
　　に依存する記述箇所については判断できないので，X社で作成したものをそのまま
　　レビューに提出することにした。システム部は，開発環境の整備を行ったが，要件
　　定義には直接関与していない。

(3) 製造管理部長に確認したところ，あるサブシステムで業務要件が未確定のものが
　　あることが分かった。基本設計では，子会社に開放する機能の画面設計が予定され
　　ている。子会社から担当者を選任してもらい，具体的な設計に着手することになっ
　　ており，既に要員の準備も完了している。製造管理部は，業務要件の一部が確定し
　　ていない状況でも，要件が確定しているサブシステムの基本設計に着手することを
　　求めている。生産管理システムの稼働開始時期は決まっているので，基本設計はス
　　ケジュールどおり来月初めから開始することになった。監査部は，"T社がX社に対
　　し，基本設計に着手する前に前提条件を提示しておくべきである"と考えた。

(4) 非機能要件として，機密性については外部からの攻撃への対策，アクセスコント
　　ロールなどの記述があるが，可用性についてはバックアップの頻度に関する記述だ
　　けであった。そこで，監査部は，"表1の項番1の業務要件③を満たすための可用性
　　についても要件定義書に記載しておくべきである"と考えた。

設問1 〔システム監査の結果〕(1) について，(1)，(2) に答えよ。

(1) 監査部が考えたリスクを，45字以内で述べよ。

(2) 監査部が提言すべき改善策を，30字以内で述べよ。

設問2 〔システム監査の結果〕(2) について，(1)，(2) に答えよ。

(1) 契約形態から考えて，監査部として確認しておくべき事項を40字以内で述べよ。

(2) システム部が直接に関与していない点について，監査部として確認すべきことを，35字以内で述べよ。

設問3 〔システム監査の結果〕(3) について，監査部が考えた前提条件を40字以内で述べよ。

設問4 〔システム監査の結果〕(4) について，監査部が，要件定義書に記載しておくべきであると考えた非機能要件を，30字以内で述べよ。

解答例・解説

●解答例

設問1 (1) T社とX社の間で用語やドキュメントの記載内容の認識が相違し，設計内容で誤解が生じる。

(2) 使用する用語の意味や定義が一致しているか確認すること

設問2 (1) 発注者であるT社の責任において要件定義書が作成されているか。

(2) システム基盤に依存する記述のレビューはどのように実施されたのか。

設問3 未確定の業務要件が確定することによって確定済の要件に影響が出た場合の対応方針

設問4 工場の稼働時間におけるシステムの稼働率の定義

午後I　問3

午後II

●問題文の読み方

(1) 全体構成の把握

概要	要件定義書の作成	システム監査の結果	設問
生産管理システムの概要			
生産管理システムの委託契約の概要			

　最初に概要があり，続いて生産管理システムの概要と生産管理システムの委託契約の概要が述べられている。その後に，要件定義書の作成が述べられており，ここの表1に解答のヒントが書かれている。また，続いてシステム監査の結果が述べられており，ここにヒントが多く書かれている。

(2) 問題点の整理

　すべての設問が［システム監査の結果］からの出題になっているので，各項目から想定される問題点を的確につかむことが，解答への第一歩になる。各監査結果の記述と想定される問題点を整理すると以下のようになる。

25

項番	監査結果の記述	想定問題点
(1)	T社による要件定義書のレビューにおいて，データモデルの記載内容，記載レベルについてT社とX社間で認識の相違があることが分かった。	基本設計以降も記載内容，記載レベルについてT社とX社間で認識の相違がある可能性が高い。
(2)	製造管理部では，システム基盤に依存する記述個所については判断できないので，X社で作成したものをそのままレビューに提出することにした。システム部は，開発環境の整備を行ったが，要件定義には直接関与していない。	システム基盤に依存する記述個所について，的確なレビューが行われていない可能性が高い。
(3)	あるサブシステムの業務要件が未確定であるにも関わらず，要件が確定しているサブシステムの基本設計に着手する。	業務要件の未確定部分が確定すると，確定済みの要件に影響を与えてしまう。
(4)	可用性についてはバックアップの頻度に関する記述だけであった。	可用性に関して，要件定義書の記述が不足している。

(3) 設問のパターン

設問番号	設問のパターン	設問の型		
		パターンA	パターンB	パターンC
設問1	リスク及び改善策の指摘		◎	
設問2	問題点の指摘		◎	
設問3	前提条件の指摘		◎	
設問4	非機能要件の指摘		◎	

●設問別解説

■設問1

リスク及び改善策の指摘

【前提知識】

　システムライフサイクルの監査に関する基本知識

【解説】

　(1) ［システム監査の結果］の (1) に，「T社による要件定義書のレビューにおいて，データモデルの記載内容，記載レベルについてT社とX社間で認識の相違があることが分かった。」という記載があるが，このような事態は，当然，この後の基本設計以降の工程でも発生することが予想される。データモデル自体は，基本設計工程以降で作成するわけではないが，設計工程ではいろいろなドキュメントが作成されるので，それらについても，記載内容の認識が一致していない可能性が高いと考えられる。

　(2) この不一致を解消するための改善策を述べればよい。改善策に関しては，特

に問題文にヒントはないので，一般常識で答えていくことになる。あまり考えすぎずに，素直に，使用する用語の意味や定義が一致しているか確認することを挙げればよい。

【自己採点の基準】
　(1) ドキュメントの記載内容の認識の相違が出る可能性を指摘していればよい。
　(2) 用語の意味や成果物の記載内容の認識が一致していることを確認する点を指摘していればよい。

■設問2
問題点の指摘

【前提知識】
　システムライフサイクルに関する基本知識

【解説】
　(1) 設問の「契約形態から考えて」という記述が大きなヒントになる。［生産管理システムの委託契約］には，要件定義段階は準委任契約であることが書かれている。請負契約と異なり，準委任契約ではX社には完成責任や瑕疵担保責任がないことになる。したがって，成果物の最終確認はT社の責任で行う必要がある。解答としては，このT社の責任を認識して要件定義の作業が行われていることを確認する点を挙げればよい。
　(2) ［システム監査の結果］(2) には，「製造管理部では，システム基盤に依存する記述個所については判断できないので，X社で作成したものをそのままレビューに提出することにした。システム部は，開発環境の整備を行ったが，要件定義には直接関与していない。」という記述があり，製造管理部もシステム部もシステム基盤に依存する記述に関して，十分なチェックを行っていないことがわかる。したがって，監査部としては，このシステム基盤に依存する記述に関して，どのようなレビューが行われたのかを確認する必要がある。

【自己採点の基準】
　(1) T社の責任において要件定義が作成されていることや，確認が十分に行われていることを記述してあればよい。
　(2) システム基盤に依存する記述に関するレビューがどのように実施されたかの確認が記載されていなければならない。

27

■設問3
前提条件の指摘
【前提知識】

システムライフサイクルに関する基本知識

【解説】

［システム監査の結果］(3) には，あるサブシステムの業務要件が未確定であるにも関わらず，要件が確定しているサブシステムの基本設計に着手することが記載されている。このような場合に，どのような前提条件を提示すべきかを考えればよい。このような場合，未確定の部分が基本設計を行う部分に影響がないことが一番好ましいのであるが，多くの場合，全く影響がないということは考えにくい。したがって，影響があった場合に，的確な対応がとれるように，このような場合の対応方針が定まっていることを確認する必要がある。

【自己採点の基準】

未確定の業務要件が確定することによって，確定済の要件に影響が出た場合の対応方針や対応が的確に行えることの確認などが述べられていればよい。

■設問4
非機能要件の根拠
【前提知識】

システムライフサイクルに関する基本知識

【解説】

［システム監査の結果］(4) には，「可用性についてはバックアップの頻度に関する記述だけであった。」という記述がある。また，表1の項番1の業務要件③には，「工場の稼働時間帯に特注品の製造指示が出力されなくなると生産が停止し，業務に影響するので考慮すること」と書かれている。この2つの記述から，可用性の面で対策が不足していることが分かる。具体的には，工場稼働時間帯にシステムが停止する可能性を下げる対策が必要になる。したがって，要件定義書の記載としては，工場の稼働時間におけるシステムの稼働率の定義が必要になる。

【自己採点の基準】

工場の稼働時間におけるシステムの稼働率の定義，あるいは，システム障害時にシステムを継続して使用できる仕組みの確立などを挙げていればよい。

午後Ⅰ 問4

問 コントロールの有効性の監査に関する次の記述を読んで，設問1〜4に答えよ。

D社は製薬会社であり，研究開発費の予算管理を支援するプロジェクト予算システム（以下，予算管理システムという）を運用している。D社の研究開発費は売上高の約20％にも上ることから，監査室は予算管理システムのコントロールの有効性に関するシステム監査を実施することにした。

〔予算管理システムの概要〕

予算管理システムはD社で開発され，研究開発プロジェクトで必要な物品・サービスの調達及びプロジェクト別予算実績を管理している。システムオーナは，研究開発センタ長であり，研究開発センタ内の五つの研究部（各研究部は，それぞれ研究開発を行う約10の課と庶務担当で構成）と購買部が利用している。

予算管理システムの概要は，図1のとおりである。担当者マスタでは，利用者ID，利用者名，所属部署，役職，権限レベル，パスワードなどの情報が管理されている。また，プロジェクト基礎情報（以下，PJ基礎情報という）では，プロジェクト名，プロジェクト番号，目的，期間，リーダ名，リーダの利用者ID，予算，実績などの情報が管理されている。

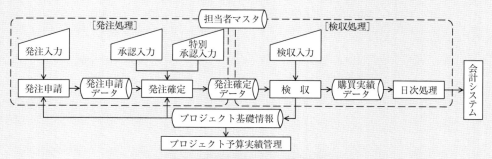

図1　予算管理システムの概要

〔アクセス権限〕

入力画面へのアクセス権限は，担当者マスタ及びPJ基礎情報に基づいて，表1のように設定される。

表1 アクセス権限の設定（抜粋）

画面名	担当者マスタの権限レベル			PJ基礎情報
	一般[1]	部長	管理者	リーダ[1]
担当者マスタ更新			●	
PJ基礎情報申請入力	●			
PJ基礎情報承認入力[2]		●	●	
発注入力	●			
承認入力[2]				●
特別承認入力[2]		●	●	
検収入力	●			

注記　●は，入力画面へのアクセス権限があることを示す。
注[1]　リーダには，"リーダ"権限と，初期権限レベルの"一般"権限が付与される。
　[2]　申請と同じ利用者IDでアクセスすることはできない。

(1) 担当者マスタは，人事システムから人事異動（退職を含む）データを日次で受信し，自動的に更新される。担当者マスタの初期権限レベルは，役職が部長であれば"部長"権限が設定され，それ以外は"一般"権限が設定される。一方，"管理者"権限は自動的に設定されないので，担当者マスタ登録後に庶務担当の中から部長が任命した社員（以下，管理者という）に付与する。また，社員のパスワードは，定期的な変更などによって適切に管理されている。

(2) 人事システムに登録されていない派遣社員のために，各課に"一般"権限の利用者ID（以下，派遣用IDという）が一つ作成され，課内の複数の派遣社員が共有している。また，派遣用IDのパスワードの管理は，各課長に任されている。

(3) 担当者マスタの追加登録，権限レベルの変更などは，部長の承認を受けた担当者マスタ更新依頼書に基づいて管理者が入力を行う。"管理者"権限の利用者IDのアクセスログはすべて保存され，週次で詳細ログレポートを出力し，不正なアクセスがないかを部長がチェックしている。

(4) PJ基礎情報は，リーダに任命された課長が申請入力を行い，部長がリーダからの申請に対してPJ基礎情報承認入力を行う。これによって，"リーダ"権限が任命された課長に付与される。この段階で，当該プロジェクトにおいて発注処理が可能となる。

〔発注処理〕

各プロジェクトで必要な物品などを発注する。

(1) 発注品目，内容，数量及びプロジェクト番号を発注入力すると，発注申請データが生成される。発注品目は，物品マスタと照合され，物品マスタの単価情報に基づいて発注金額が自動的に設定される。物品マスタは，仕入先との価格交渉の結果に基づいて，購買部がメンテナンスし，各研究部は追加・変更できない。

(2) 発注申請データに対して承認入力を行うと，承認者名及び承認済フラグが設定される。このとき，PJ基礎情報の予算残高と比較し，予算残高の範囲内であれば，発注確定フラグが設定され，発注確定データが作成される。

(3) 予算残高を超えた発注に対しては，部長が特別承認入力を行う。ただし，部長は不在の場合が多いので，部長が口頭で指示し，管理者が行うことも多い。

〔検収処理〕

納品された物品と納品書は，庶務担当から発注の申請者に渡され，検収処理が行われる。

(1) 発注の申請者は物品と納品書の内容を確認し，発注確定データを照会して検収入力を行う。ただし，発注確定データを超える数量・金額の検収入力を行うことはできない。検収入力を行うと，発注確定データに検収番号及び検収フラグが設定され，購買実績データが生成される。このとき，購買実績額をPJ基礎情報の実績額に加算し，予算残高を減額する。

(2) 検収入力後，発注の申請者は，納品書に検収番号を記入し，庶務担当に回付する。庶務担当は，回付された納品書の検収番号に基づいて，照会画面で購買実績データの品名と金額を照合し，検収入力が正しいかどうかを確認する。

(3) 購買実績データは，日次の夜間バッチ処理で会計システムに渡され，決済条件に従って本社経理部が支払処理を行う。

〔監査結果の検討〕

監査室では，予備調査及び本調査の結果に基づいて指摘事項を列挙し，システムオーナと指摘事項について意見交換を行い，それぞれの見解を表2のようにまとめた。

表2　指摘事項とその見解

項番	指摘事項（現状）	システムオーナの見解	監査室の見解
①	各課の派遣用IDは，課内の複数の派遣社員が共有している。	派遣社員が派遣用IDを不正利用したとしても，リスクは非常に低い。	派遣用IDは，職務分離を損なう可能性があるので，運用を見直すべきである。
②	管理者による特別承認入力は，部長が口頭で指示することが多い。	ほかのコントロールがあるので，問題ない。	ほかのコントロールの運用について，その有効性を追加調査する。
③	予算超過に関するチェックが不十分である。	機能変更を検討する。	予算超過について，システム上の防止機能を強化すべきである。
④	庶務担当による納品書などと購買実績データとの照合が網羅的に行われていない。	システムで照合を管理できる機能の追加を検討する。	機能の追加コストを抑制するために，新しくレポートを追加することによる対応も比較・検討すべきである。

設問1　表2の項番①について，(1)，(2) に答えよ。

(1) システムオーナが，"リスクは非常に低い"と考えた理由を，40字以内で述べよ。

(2) 監査室の"職務分離を損なう可能性がある"という見解の具体例を，40字以内で述べよ。

設問2　表2の項番②の監査室の見解にある"ほかのコントロールの運用"に関する有効性を確かめる監査手続について，35字以内で述べよ。

設問3　表2の項番③で，"チェックが不十分である"と指摘している理由を，40字以内で述べよ。

設問4　表2の項番④について，(1)，(2) に答えよ。

(1) "照合が網羅的に行われていない"と指摘している理由を，35字以内で述べよ。

(2) 監査室の見解にある"新しくレポートを追加することによる対応"とはどのようなことか。35字以内で述べよ。

解答例・解説

●解答例（試験センター公表の解答例より）

設問1　(1) 一般権限の派遣用IDは，承認入力がないと発注確定データは作成できないから（36字）

(2) リーダである課長が派遣用IDを利用すれば，1人で発注確定データが作成できる。（38字）

設問2　部長が詳細ログレポートを漏れなくチェックしているか確かめる。（30字）

設問3　予算残高の更新が検収入力時なので，予算を超過した発注が可能である。（33字）

設問4　(1) すべての購買実績データについて照合したか，確認できないから（29字）

(2) 購買実績データを日次で出力し，照合が完了した取引を消し込む。（30字）

●問題文の読み方

(1) 全体構成の把握

　最初に概要があり，続いて予算管理システムの概要が述べられている。その後に，アクセス権限が詳しく述べられており，ここに解答のヒントが多く書かれている。また，続いて発注処理と検収処理の業務内容が述べられており，最後に監査結果の検討が表を使って詳細に書かれている。

　問題文のヒントの場所も見つけやすく，比較的答えやすい問題であった。

(2) 問題点の整理

　すべての設問が表2の指摘事項とその見解からの出題になっているので，各指摘事項とそれに関連する問題文の箇所を的確につかむことが，解答への第一歩になる。表2の指摘事項と関連する問題文の対応箇所を整理すると次のようになる。

項番	指摘事項（現状）	問題文の対応箇所
①	各課の派遣用IDは，課内の複数の派遣社員が共有している。	〔アクセス権限〕（2）
②	管理者による特別承認入力は，部長が口頭で指示することが多い。	〔発注処理〕（3）
③	予算超過に関するチェックが不十分である。	〔発注処理〕（2）
④	庶務担当による納品書などと購買実績データとの照合が網羅的に行われていない。	〔検収処理〕（2）

(3) 設問のパターン

設問番号	設問のパターン	設問の型（序章P27参照）		
		パターンA	パターンB	パターンC
設問1	コントロールの根拠		◎	
設問2	監査手続の指摘・追加		◎	
設問3	指摘事項の不備・根拠の指摘		◎	
設問4	指摘事項の不備・根拠の指摘		◎	

●設問別解説

設問1

コントロールの根拠

前提知識

　アプリケーション・コントロールに関する基本知識

解説

　（1）は，システムオーナが，“リスクは非常に低い”と考えた理由を述べる設問である。**表1**を見ると，派遣者が付与されている“一般”権限の利用者IDで入力ができるのが，「PJ基礎情報申請入力」，「発注入力」，「検収入力」の三つであることが分かる。このうち，「PJ基礎情報申請入力」と「発注入力」に関しては，表1から必ず承認入力があることが分かる。また，検収入力については，〔**検収処理**〕（2）に「庶務担当は，回付された納品書の検収番号に基づいて，照会画面で購買実績データの品名と金額を照合し，検収入力が正しいかどうかを確認する。」という記述があり，チェックが入ることが分かる。

　（2）は，“職務分離を損なう可能性がある”という見解の具体例を述べる設問である。指摘事項に書かれているとおり，派遣用IDは，課内の複数の派遣社員が共有している。したがって，派遣用IDを使用して入力を行っても，その入力者は特定できない。これを利用して，職務分離を損なって不正が行える例を考えればよい。職務分離とは，職務の実行者と記録者やチェック者を別々の担当者に割り振り，職務を兼務させないことでリスク回避を行うことを言う。〔**アクセス権限**〕（2）には，「ま

34

た，派遣用IDのパスワードの管理は，各課長に任されている。」という記述があり，各課長は派遣用IDを使用できる状態にあることが分かる。したがって，プロジェクトのリーダに任命された課長が，発注入力を派遣用IDで行い，自分のIDで承認を行うことができることが分かる。

(自己採点の基準)

　(1) は，派遣用IDによる入力は，必ず承認等のチェックが入ることを挙げていれば正解とする。(2) は，リーダの課長の行動が解答例と同じように具体的に書かれてなければならない。

設問2
監査手続
(前提知識)

　監査手続に関する基本知識

(解説)

　"ほかのコントロールの運用"に関する有効性を確かめる監査手続について述べる設問である。最初に，"ほかのコントロール" を明確にする必要がある。管理者の承認に関するコントロールを問題文から探すと，〔アクセス権限〕(3) に「"管理者"権限の利用者IDのアクセスログはすべて保存され，週次で詳細ログレポートを出力し，不正なアクセスがないかを部長がチェックしている。」という記述が見つかり，この部長によるログチェックがほかのコントロールであることが分かる。

　次に，このコントロールの運用の有効性を確かめる監査手続を考えることになる。具体的な監査手続については，特に問題文にヒントがないので，一般論で答えることになる。部長によるログチェックが確実に行われていることを確認すればよいので，ログをチェックした記録が残っているのであれば，それを確認するのが一番よいのであるが，特にそのような記録が残されているという記述がないので，直接部長にインタビューをして，ログをチェックしているかどうかを確認する方法が考えられる。このほかに，部長の指示した以外の管理者による承認が行われていないことを詳細ログレポートから確認することも考えられるが，部長の指示が口頭なので指示の記録も存在しないため，この突合も行いにくい。

(自己採点の基準)

　部長がログをチェックしているかどうかが確認できる監査手続が具体的に述べられていなければならない。

設問3

指摘事項の根拠

（前提知識）

アプリケーション・コントロールに関する基本知識

（解説）

"チェックが不十分である" と指摘している理由を述べる設問である。予算のチェックに関する記述を問題文から探すと，〔**発注処理**〕(2) に「このとき，PJ基礎情報の予算残高と比較し，予算残高の範囲内であれば，発注確定フラグが設定され，発注確定データが作成される。」という記述が見つかる。また，〔**検収処理**〕(1) に「このとき，購買実績額をPJ基礎情報の実績額に加算し，予算残高を減額する。」という記述がある。この二つの記述から，複数の購買が発注されて検収されていない場合には，それぞれを現在の予算残高と比較してしまうので，この複数の購買額の合計が予算残高を超えてしまう可能性があることが分かる。

（自己採点の基準）

発注されて検収されていない複数の購買合計が，予算残高を超えてしまう可能性が指摘されていれば正解とする。表現としては，いろいろな書き方が考えられる。

設問4

指摘事項の根拠

（前提知識）

アプリケーション・コントロールに関する基本知識

（解説）

(1) は，"照合が網羅的に行われていない" と指摘している理由を述べる設問である。関連する記述を問題文から探すと，〔**検収処理**〕(2) に「照会画面で購買実績データの品名と金額を照合し，検収入力が正しいかどうかを確認する。」と書かれており，確認が画面上だけで行われており，その痕跡も残っていないことが分かる。これでは，後から全件確認したかどうかのチェックができないことが分かる。解答としては，この全件確認したことのチェックができない点を指摘すればよい。

(2) は，"新しくレポートを追加することによる対応" を答える設問である。ここでは，照合の網羅性をチェックできるレポートを考えればよい。問題文には，これ以上のヒントはないので，あとは一般常識でどのようなレポートがよいか考えることになる。一番確実なのは，購買実績データを日次で出力し，照合が完了した取引

を消し込むことであろう。

自己採点の基準

　（1）は，庶務担当のチェックが漏れなく行われたことの確認がされていないことを指摘すれば正解とする。（2）は，照合漏れが発見できるレポートの内容が記載されていれば正解とする。

午後Ⅱ問1

問 システム開発や運用業務を行う海外拠点に対する情報セキュリティ監査について

　昨今，多くの日本企業が海外に進出し，事業活動の範囲を拡大している。特に，安価な労働力やおう盛な消費意欲を求めて，アジア諸国に進出するケースが多い。海外に進出するときには，事業を短期間で軌道に乗せるために，現地企業と提携したり，安定した事業基盤を構築するために，現地に支店や子会社を設立したりすることが多い。

　このような海外進出の一環として，システム開発や運用業務を海外拠点に移す企業も珍しくない。システム開発や運用業務では，経営，人事，財務，営業などに関する企業情報，製品の技術情報などを扱うことが多い。場合によっては，顧客の個人情報にアクセスすることもあるので，海外拠点でも国内拠点と同様に様々な情報を適切に管理しなければならない。

　海外拠点は，文化，商慣習，従業員の労働条件，法規制，電力やネットワークなどの社会的インフラなど，様々な面で日本とは状況が異なるので，システム開発や運用業務を海外拠点で行う場合にはこれらの面に留意する必要がある。

　システム監査人は，海外拠点に対して情報セキュリティ監査を実施する場合，海外拠点に特有のリスクやコントロールを十分に考慮し，監査の体制や方法を工夫する必要がある。

　あなたの経験と考えに基づいて，設問ア～ウに従って論述せよ。

設問ア あなたが関係する組織において，システム開発や運用業務を海外拠点で行っている，又は海外拠点で行うことを検討している場合，その背景，目的及び実施状況や検討状況について，800字以内で述べよ。

設問イ 設問アに関連して，システム開発や運用業務を海外拠点で行う場合，情報セキュリティ上の想定されるリスク及びコントロールについて，海外拠点特有の状況を踏まえて，700字以上1,400字以内で具体的に述べよ。

設問ウ 設問イに関連して，システム開発や運用業務を行う海外拠点に対して，情報セキュリティ監査を効率よく，効果的に実施するために留意すべき事項を，700字以上1,400字以内で具体的に述べよ。

解説

●段落構成

1. 運用業務を海外拠点で行っている背景，目的及び実施状況
    1.1 運用業務を海外拠点で行っている背景，目的
    1.2 海外の運用業務の実施状況
2. 情報セキュリティ上の想定されるリスク及びコントロール
    2.1 情報セキュリティ上の想定されるリスク
    2.2 情報セキュリティ上の想定されるコントロール
3. 情報セキュリティ監査を効率よく，効果的に実施するための留意事項
    3.1 情報セキュリティ監査を効率よく実施するための留意事項
    3.2 情報セキュリティ監査を効果的に実施するための留意事項

●問題文の読み方と構成の組み立て

（1）問題文の意図と取り組み方

　情報セキュリティ監査に関する問題は過去に何回も出題されているが，海外拠点という制約が付いているのが最大の特徴になる。リスク及びコントロールについて，海外拠点特有の特徴を述べることができるかどうかが，合格論文を書くための最大のポイントになる。

　問題の構成としては，設問イで情報セキュリティ上のリスクとコントロールを述べ，設問ウで情報セキュリティ監査を実施する上での留意点を述べるという非常にオーソドックスな構成なので，設問自体は書きやすい内容である。

（2）全体構成を組み立てる

　設問アでは，システム開発や運用業務を海外拠点で行っている，又は海外拠点で行うことを検討している場合の背景，目的及び実施状況や検討状況を述べる必要がある。まず，システム開発と運用業務のどちらを選定するか，あるいは，両方を選定するかを選ばなくてはならない。これは特に制約はないので，自身の経験に合わせて選択をすればよい。数で言えば，運用業務だけを海外で行っている企業が多いと思われる。次に，現在実施している事例を選ぶか，現在検討している事例を選ぶかを選択する必要がある。これも，自身の経験に合わせて，どちらを選んでもよいが，検討中の事例を選ぶと，これからのことなので，自由に内容が書けるというメリットがある。

システム開発や運用業務を海外拠点で行う背景，目的については，最近の企業のグローバル化の進展の動きと絡めていけば，難しいとこはないと思われる。実施状況及び検討事項についても，特に設問および問題文に指定はないので，自由に書くことができる。ただし，設問イでリスクを述べるので，それと重複することがないように，ここではリスクの生じる背景のようなことが書けると，設問イにスムーズにつながり，論文の一貫性が出ると思われる。

　設問イでは，まず，システム開発や運用業務を海外拠点で行う場合や検討している場合の情報セキュリティ上のリスクを挙げることになる。ここでは，必ず海外拠点特有のリスクを挙げなくてはいけない。海外拠点特有の状況として，問題文には，以下の項目が例示されている。

- 文化
- 商慣習
- 従業員の労働条件
- 法規制
- 電力やネットワークなどの社会的インフラ

　ただし，これはあくまでも例示なので，これ以外の項目を挙げても，もちろん構わない。

　後半は，挙げたリスクに対するコントロールを挙げることになる。ここで重要なことは，必ずリスクとの対応が明確に付くようにコントロールを述べることである。

　設問ウは，情報セキュリティ監査を効率よく，効果的に実施するために留意すべき事項を述べる必要がある。ここで，検討が必要なことが，「効率よく」という点と，「効果的」という点を分けて述べるか，一緒に述べるかという点である。どちらでも構わないのであるが，大事なことは，この2つを明確に区別することである。「効率よく」というのは，必要な作業に対し，使う資源が少ないことを指すので，多くの場合は作業工数が少ないことやかけるコストが少ないことを指す。これに対し，「効果的」というのは，使った資源に対して監査の効果が大きいことを指すので，監査の結果が有効で今後の会社の経営に寄与しなくてはいけないことを指す。

●論文設計テンプレート

1. 運用業務を海外拠点で行っている背景，目的及び実施状況
   1.1 運用業務を海外拠点で行っている背景，目的
   - 空調設備メーカで，全世界に16の子会社と営業所レベルの拠点が多数ある。
   - 海外子会社も含めたシステムの統一が必要と考え，ERPパッケージを全子会社，支店に導入した。
   1.2 海外の運用業務の実施状況
   - 大規模な拠点は，情報システム部門があり，専門要員が運用を行っている。
   - 小規模な拠点では情報システム部門がなく，総務担当などの社員が兼任で運用業務を行っている。
   - 統一したオペレーションを行うために，グローバル・レベルで統一された運用マニュアルが策定されている。
2. 情報セキュリティ上の想定されるリスク及びコントロール
   2.1 情報セキュリティ上の想定されるリスク
   （1）各拠点システムからの情報漏えい
   - 運営マニュアルには，情報セキュリティに関しても，細かく規程が定められている。
   - 国によっては採用した人員の入替が多く，社員のモラルの面からも，情報漏えい等のリスクが高いことが予想された。
   （2）情報の滅失
   - 大規模な拠点に関しては，情報システム部門も存在し，データのバックアップも定期的にとられている。
   - 小規模の拠点は，バックアップデータは事務所内に保管されているので災害時等に消失の可能性がある。
   （3）ネットワーク上からの情報盗聴
   - 会計情報はインターネットを介して，情報が送付されており，情報漏えいのリスクがある。
   2.2 情報セキュリティ上の想定されるコントロール
   （1）各拠点システムからの情報漏えい
   - 全従業員に対し，情報セキュリティに関する教育を実施した。
   （2）情報の滅失
   - 小規模な拠点に関しては，本社にネットワークを介して，本社にバックアップを保管することとした。

(3) ネットワーク上からの情報盗聴

　　・インターネット VPN により伝送。

3. 情報セキュリティ監査を効率よく，効果的に実施するための留意事項

　3.1 情報セキュリティ監査を効率よく実施するための留意事項

　　・大規模な拠点に関しては，監査担当者を育成し，その担当者に監査を行わせることとした。

　　・小規模な拠点に関しては，アンケート調査を行って監査を行うこととした。

　3.2 情報セキュリティ監査を効果的に実施するための留意事項

　(1) 本社での監査報告書のチェック

　　・各拠点で作成した監査報告書は必ず本社でチェックすることとした。

　(2) アンケートの信頼性確保

　　・アンケート調査に当たっては，対象項目ごとに必ず複数の人に対して，同じアンケートをとることとした。

1．運用業務を海外拠点で行っている背景，目的及び実施状況

1．1　運用業務を海外拠点で行っている背景，目的

　A社は昭和3年設立の空調設備メーカである。本社は東京にあり，工場は全国3箇所にある。海外にもニューヨーク，フランクフルト，シンガポールなど全世界に16の子会社があり，そのうち8つの子会社で製造まで行っている。その他に，支店レベルの拠点が海外に多数ある。国内市場が成熟化する一方で，海外の市場は急速に伸びており，常にグローバルな市場を意識した経営が求められている。

　社長は，厳しい経営環境を乗り切るためには，収益状況の迅速な把握が不可欠と考えている。そのためには，海外子会社も含めたシステムの統一が必要と考え，1年前にグローバル・レベルでサポートが可能なERPパッケージが，全海外子会社，支店に導入された。このパッケージの運用は，地理的な問題もあり，各子会社，支店に任されている。

1．2　海外の運用業務の実施状況

　海外の拠点には，社員数百人の子会社もあれば，社員が十数人の支店まで，いろいろな規模の拠点が混在している。大規模な拠点は，情報システム部門があり，専門要員が運用を行っているのに対し，小規模な拠点では情報システム部門がなく，総務担当などの社員が兼任で運用業務を行っている。

　このように管理レベルがまちまちの中で，統一したオペレーションを行うために，グローバル・レベルで統一された運用マニュアルが策定されている。また，小規模な拠点に関しては，システムの立ち上げ時に本社から情報システム部門の人間が派遣され，導入の支援を行い，その後のサポートもメール等を使用して行っている。

> グローバル・レベルの運用マニュアルを持ちだすことで，監査に関して記述しやすくしている。

２．情報セキュリティ上の想定されるリスク及びコントロール

２．１　情報セキュリティ上の想定されるリスク

　ＥＲＰパッケージの情報の中には，顧客情報や取引先に関する情報など非常に機密性の高い情報が含まれている。また，拠点間でネットワークを介して送られる情報は主に会計情報であるが，これもライバル企業などに情報が漏れてはいけない情報である。これらの情報に関して，情報セキュリティ上，次のようなリスクが想定された。

(1) 各拠点システムからの情報漏えい

　各拠点に配布されている運営マニュアルには，情報セキュリティに関しても，細かく規程が定められている。しかし，海外拠点ではどうしてもその遵守状況が監視しにくいことから情報漏えいなどのセキュリティ上のリスクが国内よりも高くなることが想定された。また，国によっては採用した人員の入替が多く，社員のモラルの面からも，情報漏えい等のリスクが高いことが予想された。

> 海外拠点特有のリスクであることを強調している。

(2) 情報の滅失

　大規模な拠点に関しては，情報システム部門も存在し，データのバックアップも定期的にとられている。また，そのバックアップデータも，耐火金庫に保管されており，火災等が発生しても情報滅失等の危険性はあまりないと考えられた。これに対し，小規模の拠点に関しては，バックアップは同様に義務付けられており，定期的なバックアップはされているが，そのバックアップデータは事務所内に保管されているので，火災などの災害が発生した場合には，バックアップデータも含めて，情報が滅失してしまうリスクが想定された。

(3) ネットワーク上からの情報盗聴

　会計情報に関しては，毎月連結決算を行う必要があり全拠点と本社との間で，会計情報の送付が行われる。こ

の情報の送付は，コスト面からインターネットを介して
行われている。したがって，情報漏えいの可能性が高い
ので，厳重な対策が必要であった。

　２．２　情報セキュリティ上の想定されるコントロール
　　Ａ社では，上記のリスクに対応するために，次のよう
なコントロールを設定した。
（１）各拠点システムからの情報漏えい
　　運営マニュアルには，アクセス権限の設定の方法，Ｉ
Ｄ，パスワードの設定方法などについて詳しく規程され
ている。しかし，従業員のモラルの問題もあり，これら
の規程が正しく守られるかどうかが，心配される状況で
あった。そこで，ＥＲＰパッケージの導入の際に，全従
業員に対し，情報セキュリティに関する教育を実施した。
また，その後も毎年全従業員に対し，研修を実施するこ
ととし，必ず年に１回はその研修に参加することを義務
付けることとした。また，これらのマニュアルの遵守状
況に関し，毎年監査を実施し，その遵守状況を確認し，
不備な点については改善勧告を出すルールとした。
（２）情報の滅失
　　バックアップに関しても，運営マニュアルに従って，
定期的なバックアップがとられていることを定期的に監
査を行って確認することとした。また，小規模な拠点に
関しては，本社にネットワークを介して，本社にバック
アップを保管することとした。
（３）ネットワーク上からの情報盗聴
　　本社と各拠点の間は，インターネットＶＰＮにより伝
送を行うこととし，それに対応できるルータを各拠点に
設置するようにした。これにより，インターネット上の
情報漏えいを防ぐこととした。
３．情報セキュリティ監査を効率よく，効果的に実施す
るための留意事項
　３．１　情報セキュリティ監査を効率よく実施するため

> 二重のコントロールを述べる
> ことでリアリティが出るよう
> にしている。

の留意事項

　海外拠点に関しては，本社から監査担当者が毎年出張して監査を行うことは，コストの関係で難しかった。そこで，大規模な拠点に関しては，監査担当者を育成し，その担当者に監査を行わせることとした。その際に，監査担当者を選定する際には，独立性が確保されるように，情報システムや該当業務の担当者は外すように考慮した。

　小規模な拠点に関しては，人員が少ないことと，独立性の確保の観点から，拠点内に監査担当者を任命することが難しいので，アンケート調査を行って監査を行うこととした。ただし，アンケート調査の内容が正しくない可能性もあるので，3年に一度は実地監査を行うルールとした。●

> アンケートの弱点を補強することで，監査の品質を確保しようとしていることを強調している。

３．２　情報セキュリティ監査を効果的に実施するための留意事項

　情報セキュリティ監査を効率的に行った結果，その有効性が損なわれてしまっては，意味がないので，その有効性を確保するために，以下のような点に留意することとした。

(1) 本社での監査報告書のチェック

　大規模拠点では，監査担当者が監査を行うが，その有効性をチェックしておくことも重要である。拠点によっては，個人のモラルの問題などにより，監査がいい加減になる可能性もあるので，各拠点で作成した監査報告書は必ず本社でチェックすることとし，内容に疑問があれば各拠点の担当者に質問をして確認することとした。

(2) アンケートの信頼性確保

　小規模拠点では，アンケート調査を元に監査を行うが，アンケート調査に対して正しく回答してもらえないと，監査結果の信頼性が損ねてしまうことになる。そこで，アンケート調査に当たっては，対象項目ごとに必ず複数の人に対して，同じアンケートをとることとした。●

> ここでも監査の品質を確保しようとしていることを強調している。

午後Ⅱ問2

問 ベンダマネジメントの監査について

　今日，組織における IT 利用の多様化に伴い，組織は機器やソフトウェア，及びシステムの保守や運用などの様々なサービスをベンダから調達するようになった。また，ASP，SaaS などの普及によって，組織の各業務部門は情報システム部門を介さずにサービスを利用することが容易になった。その結果，取引するベンダの数が増え，財務基盤や内部管理態勢が弱いベンダと取引を行う可能性も高くなっている。

　このような状況において，組織が利用するシステムやサービスの継続性，セキュリティ，品質を適切な水準に保つことが難しくなっている。また，ベンダ及びその製品・サービスの選定や契約が部門ごと，担当者ごとに行われると，調達費用が割高になる可能性もある。

　これらの問題を解決するためには，ベンダマネジメントを組織横断的に行うことが有効である。例えば，組織共通の基準や手順に基づいて，ベンダ及びその製品・サービスの選定や契約のための評価及び導入後のモニタリングを行い，評価やモニタリングの結果を組織横断的な品質向上や経済的な調達につなげる取組みなどが挙げられる。

　システム監査人は，個々のベンダ及びその製品・サービスの調達や管理の監査に加えて，ベンダマネジメントの仕組みやその運用状況の監査を組織横断的な観点から行う必要がある。

　あなたの経験と考えに基づいて，設問ア〜ウに従って論述せよ。

設問ア　あなたが関係する組織の概要及び IT にかかわるベンダマネジメントの状況について，800 字以内で述べよ。

設問イ　設問アに関連して，組織横断的な観点からとらえたベンダマネジメントの問題点及びそれらの問題点から生じるリスクについて，700 字以上 1,400 字以内で具体的に述べよ。

設問ウ　設問ア及び設問イに関連して，ベンダマネジメントの監査を組織横断的な観点から行う場合の監査手続について，700 字以上 1,400 字以内で具体的に述べよ。

解説

●段落構成

```
1.  組織の概要とベンダマネジメントの状況
    1.1  組織の概要（400字）
    1.2  ベンダマネジメントの状況（325字）
2.  ベンダマネジメントの問題点とリスク
    2.1  コスト面の問題点とリスク（400字）
    2.2  品質面の問題点とリスク（400字）
    2.3  納期面の問題点とリスク（375字）
3.  ベンダマネジメントの監査を行う場合の監査手続
    3.1  価格面の監査手続（275字）
    3.2  品質面の監査手続（400字）
    3.3  納期面の監査手続（225字）
```

●問題文の読み方と構成の組み立て

（1）問題文の意図と取り組み方

　アウトソーシングなど，ベンダマネジメントに関連する問題は過去にも出題されていたが，組織横断的なベンダマネジメントについて述べる点が大きな特徴である。対象となるベンダは単にアウトソーシング先というだけでなく，ASP，SaaSなどの委託先や，機器の調達など，広い範囲を対象としてよい。

　問題の構成としては，**設問イ**で問題点とリスクを述べて，**設問ウ**で監査手続を述べるという最も多く出題されるパターンなので，比較的書きやすい構成であった。ただし，この構成でいつも問題となるのが，リスクと監査の間に存在するコントロールについて，どこで述べるかである。**設問イ**のリスクを述べる際に，簡単に触れてもよいし，**設問ウ**の最初で述べてもよい。

（2）全体構成を組み立てる

　設問アでは，まず組織の概要について述べる必要がある。組織の概要は特に指定がないので自由に述べてよいが，重要なことはなぜベンダを使用する必要があるかの背景が分かるような内容を記述することである。これにより，後半へスムーズに論文が展開されていくことになる。

　後半は，ベンダマネジメントの状況について述べることになる。ベンダマネジメントの問題点については，**設問イ**で述べるので，ここでは問題点には触れずに，ど

のような仕組みでベンダマネジメントを行っているかを述べるに留めておいた方がよい。

設問イでは,「組織横断的な観点から捉えた」ベンダマネジメントの問題点及びリスクについて述べる必要がある。ここで一番重要なことは,「組織横断的な観点から捉えた」という観点を忘れないことである。問題点の書き方としては,組織横断的な観点からベンダマネジメントが捉えられていないことを問題点として述べる方法と,組織横断的な観点からベンダマネジメントを行っているがうまくいっていないという観点から問題点を書く両方の方法がある。

問題点が書けたら,その問題点から生じるリスクを書くことになる。問題点はすでに発生している事象である。これに対して,リスクは現在まだ発生していないが,将来発生する可能性のある事象である。したがって,ここでは既に発生している問題点に起因して,今後発生する可能性のあるリスクを述べることになる。問題文には,この問題点とリスクの例として次の二つが述べられている。

	問題点	リスク
1	取引するベンダの数が増えた	財務基盤や内部管理体制が弱いベンダと取引を行う可能性が高くなっている
2	ベンダ及びその製品・サービスの選定や契約が部門ごと,担当者ごとに行われる	調達費用が割高になる可能性がある

この問題点とリスクの書き方であるが,最初に問題点を述べて,その後でリスクを述べる方法と,分野ごとに問題点とリスクを述べる方法の両方がある。これも書きやすい方法を選んで構わない。

設問ウは,ベンダマネジメントの監査を組織横断的な観点から行う場合の監査手続を述べる必要がある。組織横断的な観点から監査を行うためには,その前提として,組織横断的な観点からベンダマネジメントに関する何らかのコントロールが存在する必要がある。したがって,このコントロールについても,簡単に記述されている必要がある。この記述は,設問イで述べてもよいし,設問ウの冒頭で述べてもよい。このコントロールとしては,問題文に次の対応が例示されている。

● 組織の基準や手順に基づいて,ベンダ及びその製品・サービスの選定や契約のための評価及び導入後のモニタリングを行い,評価やモニタリングの結果を組織横断的な品質向上や経済的な調達につなげる仕組みを構築する。

これはあくまでも例示なので,このとおりの内容にする必要はないが,非常に基本的な内容なので,参考にするとよい。

監査手続自体に関しては，特に指定はないので，自由に書いてよいが，組織横断的な観点からの監査であることを忘れないことが重要である。

●論文設計テンプレート

1. 組織の概要とベンダマネジメントの状況
   1.1 組織の概要
   - 各種のソフトウェアの開発や機器の納入を行っている中堅のSIベンダ
   - 顧客の要望の多様化に伴い取引するベンダの数が増える傾向にある
   1.2 ベンダマネジメントの状況
   - 社長からベンダマネジメント強化の方針が打ち出された
   - ベンダマネジメント管理規程が策定され，その遵守が全社に指示された
2. ベンダマネジメントの問題点とリスク
   2.1 コスト面の問題点とリスク
   - 各調達先の会社から見た当社の位置付けは，ほかの取引先と同じレベルであり，効果的な価格交渉もあまり出来ない状況である
   - ベンダマネジメント管理規程により，取引先をA，B，Cの3ランクに分けることが決められ，調達を出来る限りAランクの企業に集中することにした
   2.2 品質面の問題点とリスク
   - 調達先が作成したソフトウェアの品質が悪く，顧客に迷惑をかけるプロジェクトが，幾つか発生している
   - 取引先のランク付けを行う際に，各ベンダのプロジェクト管理体制をチェック
   - 納品後，品質に問題があった場合には，ランク付けを見直す
   2.3 納期面の問題点とリスク
   - ベンダの納品物の引渡しが遅れたために，プロジェクト全体の納品が遅れて顧客に迷惑をかけるケースが幾つか出ていた
   - ベンダマネジメント管理規程では，ベンダから定期的かつ定量的に進捗を報告させることを義務付けることとした
3. ベンダマネジメントの監査を行う場合の監査手続
   3.1 価格面の監査手続
   - ランク付けの際に使用された評価表を見て，評価項目の妥当性をチェックした

・各ベンダと具体的な価格交渉が行われていることを，ベンダとの交渉議事録を見て確認した

3.2 品質面の監査手続

・各ベンダからプロジェクト管理規定が提出されていることを，実物を見て確認した

・納品後のベンダ評価表を見て，品質の評価基準が明確になっており，その基準が妥当であることを確認した

3.3 納期面の監査手続

・各プロジェクトでベンダから定期的かつ定量的に進捗の報告がされていることを，ベンダからの進捗報告を見て確認した

・納期が遅れた場合には，ランクの見直しされていることをベンダランク見直し検討会議の議事録を見て確認した

サンプル論文

1．組織の概要とベンダマネジメントの状況

1．1　組織の概要

　当社は，中堅のＳＩベンダで顧客の要望に応じて，各種のソフトウェアの開発や機器の納入を行っている。ソフトウェアの開発に際しては，人員の不足や特殊な技術の補てんのために，外部のソフトウェア会社に開発の一部を委託する場合が多い。経営トップからは，自社のＳＥは出来るだけ，上流の要件定義や設計を担当するようにし，プログラミング作業は外部に任せていく方針が出ており，取引するソフトウェア会社は増える傾向にある。

> ベンダマネジメントの重要性が増している背景を強調している。

　機器の調達に関しては，顧客からの要望に従い，さまざまなハードウェア・ベンダから調達を行っている。従来は，パソコン関連の調達がほとんどであったが，最近は，顧客のニーズが多様化していることに伴い，ＰＯＳ端末や各種の測定機器などの調達が増えており，取引先は増加傾向にある。

1．2　ベンダマネジメントの状況

　当社では，従来，ソフトウェアや機器の調達先が担当部門に任されており，それぞれの部門で過去の付き合いなどを重視して，調達先を決めてきた。しかし，情報システムに対する顧客からの価格引下げの要求が非常に強くなってきたことに伴い，調達コストの引下げが会社にとって重要な経営課題になってきた。これを受けて，社長からベンダマネジメント強化の方針が打ち出され，システム企画室が中心となって，ベンダマネジメントの基本方針が策定された。この基本方針に沿って，ベンダマネジメント管理規程が策定され，その遵守が全社に指示された。今後，この規程の遵守が本当に守られているかどうかを調べる監査が定期的に行われることとなった。

> ベンダマネジメント管理規程を持ちだすことによって，監査に関する記述が書きやすくなる。

(725字)

2．ベンダマネジメントの問題点とリスク

2．1　コスト面の問題点とリスク

　現在の調達は，担当部門ごとに調達先を決めている。
この結果，各調達先の会社から見た当社の位置付けは，
ほかの取引先と同じレベルであり，効果的な価格交渉も
あまり出来ない状況である。このままの状況を放置して
おくと，今後の顧客からの価格引下げの要求に対して，
調達先の協力が得られず，自社の利益を削って対処して
いくしかないことになる可能性が高い。

　これに対応するために，ベンダマネジメント管理規程
では，取引先をA，B，Cの3ランクに分けることが決
められ，調達を出来る限りAランクの企業に集中するこ
とにした。このランク付けに際しては，ベンダの管理体
制や規模などを考慮して総合的に判断することとなった。
このAランクの企業とは，年間の予定調達金額を決め，
その代わりに価格交渉に応じてもらうこととした。

2．2　品質面の問題点とリスク

　調達先が増えたことは，管理面でも大きな問題を抱え
ることになった。調達先が作成したソフトウェアの品質
が悪く，顧客に迷惑をかけるプロジェクトが，幾つか発
生している。このような状態を放置しておくと，今後さ
らに品質面で問題が発生するプロジェクトが増える可能
性が高くなると考えられた。

　これに対応するために，ベンダマネジメント管理規程
では，取引先のランク付けを行う際に，各ベンダのプロ
ジェクト管理体制をチェックすることとした。具体的に
は，各ベンダのプロジェクト管理規程を提出してもらい，
管理規程の提出がないベンダや，管理規程の内容が適切
でないベンダは，Aランクにはしないこととした。

　また，各ベンダの納品が終わった後，一定期間後にベ
ンダの評価を行い，品質に問題があった場合には，ラン
ク付けを見直すこととした。

> 問題点をコスト面，品質面，納期面の三つに分けることで，論文の論理性が出るようにしている。

２．３　納期面の問題点とリスク

　ベンダマネジメントが担当者任せになっていることは，ベンダの納期の遵守の面でも問題があった。ベンダの管理をしっかり行っていない担当者のプロジェクトでは，ベンダの納品物の引渡しが遅れたために，プロジェクト全体の納品が遅れて顧客に迷惑をかけるケースが幾つか出ていた。今後は，ベンダに任せる部分が増えることが予想されるために，このような管理状態を放置すると，納期面で問題の発生するプロジェクトがさらに増えてしまうリスクがあった。

　これに対応するために，ベンダマネジメント管理規程では，ベンダから定期的かつ定量的に進捗を報告させることを義務付けることとした。また，各ベンダの納品後の評価で，納期に問題があった場合には，ランク付けを見直すこととした。

(1159字)

３．ベンダマネジメントの監査を行う場合の監査手続
３．１　価格面の監査手続

　最初に，ベンダのランク付けが適正に行われていることを確認することとした。具体的には，ランク付けの際に使用された評価表を見て，評価項目の妥当性をチェックした。また，この評価表に従って，各企業のランク付けが行われていることを，評価集計表を見て確認した。

　次に，各ベンダと具体的な価格交渉が行われていることを，ベンダとの交渉議事録を見て確認した。また，その結果実際に価格が下がっていることを，各ベンダとの契約書を見て確認した。

> 出来るだけ，具体的な資料名を記述するようにしている。

３．２　品質面の監査手続

　品質面では，最初にランク付けを行う際に，各ベンダからプロジェクト管理規定が提出されていることを，実物を見て確認した。また，その管理規程の内容と実際の

ランク付けが合っていることを，幾つかのベンダを抽出して確認した。

　次に，納品後の品質面の評価が適切に行われていることを確認することとした。具体的には，納品後のベンダ評価表を見て，品質の評価基準が明確になっており，その基準が妥当であることを確認した。さらに，実際に行われた評価が適切であることを確認するために，幾つかのプロジェクトを抽出して，そのプロジェクトのベンダの納品物の受入検査の内容と，実際の品質の評価が対応していることを確認した。また，品質面の評価が悪かった場合には，ランクの見直しされていることをベンダランク見直し検討会議の議事録を見て確認した。

3．3　納期面の監査手続

　納期面では，各プロジェクトでベンダから定期的かつ定量的に進捗の報告がされていることを，ベンダからの進捗報告を見て確認した。また，幾つかのプロジェクトに関して，その報告の裏付けとなる定量的な進捗管理の計算方法を担当者及びベンダに確認して，確かに定量的な管理が行われていることを確認した。また，納期が遅れた場合には，ランクの見直しされていることをベンダランク見直し検討会議の議事録を見て確認した。

(897字)

午後Ⅰ問3

問 システム開発におけるプロジェクト管理の監査について

　今日，組織及び社会において情報システムや組込みシステムの重要性が高まるにつれ，システムに求められる品質，開発のコストや期間などに対する要求はますます厳しくなってきている。システム開発の一部を外部委託し，開発コストを低減する例も増えている。また，製品や機器の高機能化などと相まって，組込みシステムの開発作業は複雑になりつつある。

　このような状況において，システム開発上のタスクや課題などを管理するプロジェクト管理はますます重要になってきている。プロジェクト管理が適時かつ適切に行われないと，開発コストの超過やスケジュールの遅延だけでなく，品質や性能が十分に確保されず，稼働後の大きなシステム障害や事故につながるおそれもある。

　その一方で，開発するシステムの構成やアプリケーションの種類，開発のコストや期間などはプロジェクトごとに異なるので，プロジェクトにおいて想定されるリスクもそれぞれ異なる。したがって，システム開発におけるプロジェクト管理を監査する場合，規程やルールに準拠しているかどうかを確認するだけでは，プロジェクトごとに特有のリスクを低減するためのコントロールが機能しているかどうかを判断できないおそれがある。

　システム監査人は，このような点を踏まえて，情報システムや組込みシステムの開発におけるプロジェクト管理の適切性を確かめるために，プロジェクトに特有のリスクに重点をおいた監査を行う必要がある。

　あなたの経験と考えに基づいて，設問ア～ウに従って論述せよ。

設問ア　あなたが携わった情報システムや組込みシステムの概要と，そのシステム開発プロジェクトの特徴について，800字以内で述べよ。

設問イ　設問アで述べたシステム開発のプロジェクト管理において，どのようなリスクを想定すべきか。プロジェクトの特徴を踏まえて，700字以上1,400字以内で具体的に述べよ。

設問ウ　設問イで述べたリスクに対するプロジェクト管理の適切性について監査する場合，どのような監査手続が必要か。プロジェクト管理の内容と対応付けて，700字以上1,400字以内で具体的に述べよ。

解説

●段落構成

```
1.　情報システムの概要とシステム開発プロジェクトの特徴
　　1.1　情報システムの概要（375字）
　　1.2　システム開発プロジェクトの特徴（375字）
2.　プロジェクト管理において想定すべきリスク
　　2.1　進捗，コスト面におけるリスク（450字）
　　2.2　品質面におけるリスク（450字）
3.　プロジェクト管理の適切性について監査する場合の監査手続
　　3.1　進捗，コスト面の監査手続（550字）
　　3.2　品質面の監査手続（425字）
```

●問題文の読み方と構成の組み立て

（1）問題文の意図と取り組み方

　プロジェクト管理の監査に関する問題で，午後Ⅱの出題としては初めてのテーマであった。しかし，多くの人がプロジェクト管理には馴染みがあると思われるので，決して書きにくいテーマではなかったと思われる。

　問題の構成としては，**設問イ**でリスクを述べ，**設問ウ**で監査手続を述べる最も一般的な構成になっている。**設問イ**で述べたリスクの観点と対応させて設問ウの監査手続を述べていくと，論文の一貫性が出ると思われる。

（2）全体構成を組み立てる

　設問アでは，あなたが携わった情報システムや組込みシステムの概要と，そのシステム開発プロジェクトの特徴について述べる必要がある。前半のシステムの概要については，**設問ア**で最もよく出題される内容の一つなので，非常に書きやすいと思われる。後半のシステム開発プロジェクトの特徴についても，特に指定はないので自由に書くことができるが，**設問イ**で述べるプロジェクト管理のリスクと関連が出てくる部分なので，そのことを意識して一貫性が出るように工夫することが重要である。

　設問イでは，システム開発のプロジェクト管理において想定すべきリスクを述べる必要がある。設問にも問題文にも内容について特に指定はないので，自由に書けるが，それだけにかえってどのような構成で，リスクを捉えるかという点で迷う。

　プロジェクト管理のリスクの捉え方としては，大きく二つの考え方がある。一つ

は，PMBOK（プロジェクトマネジメント知識体系）の以下の9つの知識エリア別に
リスクを考える方法である。

- 統合
- コスト
- コミュニケーション

- スコープ
- 品質
- リスク

- タイム
- 人的資源
- 調達

　このうち，リスクのエリア自体にリスクを考えることはないので，残りの8つの
エリアについて，リスクを考えることになる。しかし，これらの知識エリアすべて
について論じると，量が多くなりすぎるので，リスクが発生しやすいスコープ，タ
イム，コスト，品質などを中心に述べればよいであろう。
　もう一つの方法は，リスクの発生源から考える方法である。リスクの発生源は，
大きく次の四つに分かれる。

①技術
　技術，インタフェース，性能，信頼性
②プロジェクト外部
　調達先，法規制，市場，顧客
③組織
　人的資源，資金
④プロジェクトマネジメント
　見積り，計画，コントロール

　この四つの分野別にリスクを挙げていくのがもう一つの方法である。
　設問ウは，**設問イ**で述べたリスクに対するプロジェクト管理の適切性について監
査する場合の監査手続を述べる必要がある。この適切性は，整備状況と運用状況の
二つに分けて考えるのがよい。整備状況に関しては，プロジェクトマネジメントの
仕組みが適切かどうかをプロジェクトマネジメント計画書等に記載されたマネジメ
ント方法をチェックすることによって監査すればよい。場合によっては，それがシ
ステム管理基準などと合致しているかどうかを確認することなども考えられる。
　整備状況については，プロジェクトマネジメント計画書に記載されたマネジメン
トの手順のとおりに実際に管理が行われているかどうかをチェックすることにな
る。具体的には，進捗管理表などのプロジェクトマネジメントの結果を記載したレ
ポートなどを閲覧して，管理がプロジェクトマネジメント計画書どおりに行われて
いることを確認する。

●論文設計テンプレート

1. 情報システムの概要とシステム開発プロジェクトの特徴

   1.1 情報システムの概要

   - 中堅の家電量販店の基幹システムの再構築
   - 基幹システムは，各店舗から送られるPOSデータの解析や発注，仕入処理を行う。

   1.2 システム開発プロジェクトの特徴

   - 業務プロセスの洗い直しのツールとして，C社のUMLベースのモデリング・ツールを設計段階で全面的に採用
   - プロジェクト・メンバーの多くは，これらのツールやUMLを使った経験がなく，うまく使いこなせるか心配な状況

2. プロジェクト管理において想定すべきリスク

   2.1 進捗，コスト面におけるリスク

   - プロジェクト・メンバーがモデリング・ツールに不慣れなために，要求定義作業の工数が増え，納期も延びる
   - 教育計画を立てたが，納期，コストが本当に守れるか，心配な状況

   2.2 品質面におけるリスク

   - 要求定義の品質も大きな懸念材料
   - 要求定義のレビューを行うユーザに対しても，UMLのモデルの見方に関する講習会を実施

3. プロジェクト管理の適切性について監査する場合の監査手続

   3.1 進捗，コスト面の監査手続

   - 整備状況の評価として，プロジェクト・メンバーの教育計画を閲覧
   - ツールに不慣れであることを考慮した作業計画になっていることを確認
   - 進捗，コストに関して適切な予備がとられていることの確認
   - 運用状況の評価として，教育計画のとおりに教育が実施されたことを確認
   - 作業の生産性が予定どおりかを確認

   3.2 品質面の監査手続

   - 整備状況の評価として，ユーザの教育計画を閲覧
   - 重要なマイルストーンごとに，ユーザを交えたレビューが計画されていることを確認
   - 運用状況の評価として，教育計画のとおりに教育が実施されたことを確認
   - レビューが計画どおりに行われていること，また，十分な指摘がされていることを確認

サンプル論文

1．情報システムの概要とシステム開発プロジェクトの特徴

1．1　情報システムの概要

　A社は中堅の家電量販店であり，首都圏近郊を中心に16店舗を展開している。現在，急速に業務が拡大しており，早急に出店を行いたいと考えているが，システムが老朽化してきており，新規出店に対応できない状態にある。そこで，今回，私が勤務するシステムインテグレータのB社がA社から基幹システムの再構築を依頼された。現行システムはホストコンピュータで稼働していたが，これをWindowsサーバで稼働するシステムに全面的に置き換えることとなった。このシステムは，各店舗から送られるPOSデータの解析や発注，仕入処理を行う。各店舗のPOSシステムは，今回の再構築の対象にはなっていない。

1．2　システム開発プロジェクトの特徴

　今回のプロジェクトは，従来ホストコンピュータで稼働していた基幹システムの全面再構築であり，一から業務を見直し最適なシステムを構築していく希望をA社はもっていた。そこで，業務プロセスの洗い直しを徹底的に行う必要があり，そのためにツールとしてC社のUMLベースのモデリング・ツールを設計段階で全面的に採用することとした。このツールは，基本的なユースケース図，クラス図，シーケンス図などをサポートしており，自動レイアウト，各階層のツリー表示といった基本機能に加えて，モデルからJavaソースコードのテンプレート生成機能とソースコードからモデル情報を取り込む機能まで備えている。しかし，プロジェクト・メンバの多くは，これらのツールやUMLを使った経験がなく，うまく

使いこなせるか心配な状況であった。　　　(743字) 30

> この1文で設問イとのつながりを確保している。

2. プロジェクト管理において想定すべきリスク
2.1　進捗，コスト面におけるリスク

　今回のプロジェクトの最大の懸念は，プロジェクト・メンバーがモデリング・ツールに不慣れなために，要求定義作業の工数が増え，納期も延びることであった。このために，要求定義の期間は6か月と通常のプロジェクトよりも長めにとっておいた。 5

　またメンバーのスキルを上げるために，設計を担当するメンバー全員にこのツールの教育を行うこととした。まず，メンバーの中から中核になりそうなメンバーを3人ピックアップし，そのメンバーに対しては，実習も含んだ5日間のコースを受講させた。ほかのメンバーについては，最初になぜ業務モデリングが必要かを分からせることが重要と考え，1日業務モデリングの講習を行った。その後，ツールの基本的な使用方法に関する2日間の講習を全員に受けさせた。 15

> ここで対策まである程度述べておかないと，設問ウにうまくつながらない。

　これらの対策をとったとしても，納期，コストが本当に守れるか，心配な状況であった。

2.2　品質面におけるリスク

　プロジェクトでもう一つ懸念されるのが，これらのモデリング・ツールを使って作成した要求定義の品質である。要求定義の品質が悪ければ，この後工程の設計・プログラミング工程の品質にも大きな影響を与えてしまい，その影響は非常に大きい。モデリング・ツールを使用することにより，要求定義の品質が上がる面もあるが，UML で表現されたモデルをユーザが理解できないことにより，レビューがうまく行われない可能性が想定された。また，プロジェクト・メンバーがモデリング・ツールをうまく使いこなせないために要求定義が的確に行われな 20・25

61

い可能性も想定された。 30

　これに対応するために，プロジェクト・メンバーへの
教育は，２．１で述べたように行ったが，要求定義のレ
ビューを行うユーザに対しても，UMLのモデルの見方に
関する講習会を行うこととした。

　しかし，これらの対策をとっても，要求定義の品質が 35
十分に確保できないリスクは想定された。

　　　　　　　　　　　　　　　　　　　　　（894字）

３．プロジェクト管理の適切性について監査する場合の監査手続

３．１　進捗，コスト面の監査手続

　これらのリスクに対するプロジェクト管理の適切性の
監査は，整備状況の評価と運用状況の評価に分けて行う 5
こととした。整備状況の評価としては，まず，プロジェ
クト・メンバーの教育計画を閲覧し，その内容が今まで
モデリング・ツールの経験がない人でも，十分に使い方
を習得できる内容になっているかを確認した。また，教
育を受けたからといって，いきなり経験者と同じ効率で 10
作業を行うことができるとは思えないので，それを考慮
した作業計画になっているかをプロジェクトマネジメン
ト計画書のスケジュール及び作業計画を見て確認した。
また，このような新しい手法を導入した場合には，予期
せぬ事態の発生も考えられるので，進捗，コストに関し 15
て適切な予備がとられていることも，プロジェクトマネ
ジメント計画書を見て確認した。

　運用状況の評価としては，まず，教育計画のとおりに
教育が実施されたことを，研修報告書を見て確認した。
また，各作業が想定したとおりの生産性で実施されてい 20
ることを，作業実績と作業計画を突合させることで確認
した。

３．２　品質面の監査手続

最初に整備状況と運用状況の評価に分けて述べることを強調して，システム監査人らしい発想をアピールしている。

プロジェクトマネジメントの基本的な考え方を理解していることをアピールしている。

監査技法を意識した表現にしている。

品質面の整備状況の評価としては，ユーザに対する教育が計画されていることを教育計画を閲覧して確認した。また，要件定義工程の重要なマイルストーンごとに，ユーザを交えたレビューが計画されていることを，プロジェクトマネジメント計画書のスケジュール及び作業計画を見て確認した。

　運用状況の評価としては，まず，教育計画のとおりにユーザに対する教育が実施されたことを，研修報告書を見て確認した。また，各マイルストーンで，適切なメンバーでレビューが行われていることを，レビュー議事録を見て確認した。また，レビューにおいて，的確な指摘がされていることを，レビュー議事録を見て確認した。さらに，十分な指摘がされていることを確認するために，レビューの指摘件数を集計し，過去のプロジェクトの要求定義のページ当たりの指摘件数と比較して，大きな差異がないことを確認した。

(962字)

著者紹介

落合 和雄（おちあい かずお）

コンピュータメーカ，SI ベンダで IT コンサルティング等に従事後，1998 年経営コンサルタントとして独立。経営計画立案，IT 関係を中心に，コンサルティング・講演・執筆等，幅広い活動を展開中。特に，経営戦略及び情報戦略の立案支援，経営管理制度の仕組み構築などを得意とし，これらの活動のツールとしてナビゲーション経営という経営管理手法を提唱し，これに基づくコンサルティング活動を展開中である。また，高度情報処理技術者試験（システム監査，システムアナリスト，プロジェクトマネージャ等）対策講座で多くの合格者を輩出しており，わかりやすく，丁寧な解説で定評がある。即物的な解の求め方を教えるのではなく，思考プロセスを尊重し，応用力を育てる「考える講座」を得意とする。

情報処理技術者システム監査・特種，中小企業診断士，IT コーディネータ，PMP，税理士

著書に，『未来型オフィス構想』（同友館・共著），『IT エンジニアのための【法律】がわかる本』（翔泳社），『IT エンジニアのための【会計知識】がわかる本』（翔泳社），『実践ナビゲーション経営』（同友館）ほか，情報処理技術者試験関係の執筆多数。

装丁：金井 千夏

[ワイド版] 情報処理教科書

システム監査技術者 平成 23 年度 午後 過去問題集

2016年 10月1日 初版 第1刷 発行（オンデマンド印刷版 ver.1.0）

著 者		落合 和雄
発 行 人		佐々木 幹夫
発 行 所		株式会社 翔泳社 （http://www.shoeisha.co.jp）
印刷・製本		大日本印刷株式会社

©2014 Kazuo Ochiai

本書は著作権法上の保護を受けています。本書の一部または全部について、株式会社 翔泳社から文書による許諾を得ずに、いかなる方法においても無断で複写、複製することは禁じられています。

本書は『情報処理教科書 システム監査技術者 2015 ～ 2016 年版（ISBN978-4-7981-3849-7）』を底本として、その一部を抜出し作成しました。記載内容は底本発行時のものです。底本再現のためオンデマンド版としては不要な情報を含んでいる場合があります。また、底本と異なる表記・表現の場合があります。予めご了承ください。

本書へのお問い合わせについては、2 ページに記載の内容をお読みください。

乱丁・落丁はお取り替えいたします。03-5362-3705 までご連絡ください。

ISBN978-4-7981-4987-5